最大限度
发挥文具的作用

哇！文具真的超有趣

书写工具

钢笔 铅笔

登场文具

日本 WILL 儿童智育研究所 • 编著
马文赫 • 译

浙江教育出版社·杭州

前言

本系列从大家平时在学校里经常使用的文具中挑选了 4 种，并分别对其进行了详细解说。我们希望大家可以了解如何根据自己的需求挑选文具，同时学会各种文具的正确握持方法，更灵活地使用文具。

第一册《书写工具》，讲的就是铅笔、自动铅笔、水笔等笔类文具。大家最熟悉的应该是铅笔吧？我想大多数人刚开始学写字和第一次写下自己的名字用的都是铅笔吧？

学会使用书写工具，会使“写字”这件事变得越来越有趣。并且，你还会开始产生“我想写这样的东西”“我想把这些写下来告诉某人”之类的想法，会更认真地思考“写什么”和“写给谁”的问题。在这个过程中，大家的沟通能力也会自然而然得到提升。没错，“书写工具”就是帮助大家沟通心灵的绝佳工具。

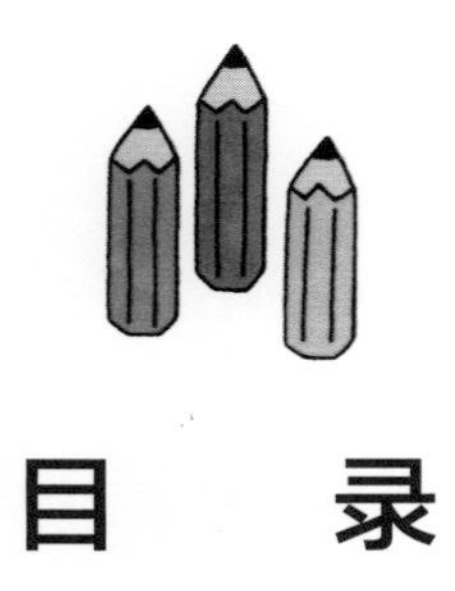

目　录

你知道吗？！关于铅笔的那些事

铅笔是用什么做成的？

木头、黏土和黑铅

铅笔使用起来非常方便，是生活中必备的文字书写工具。铅笔不仅轻巧耐用、方便携带，而且价格很便宜。把笔芯削尖就能写出很小的字、画出很细的线条，而用力去画又能画出深色的粗线条。如果写错或画错了，还可以用橡皮擦掉。而且，铅笔的笔芯和笔杆都是由天然材料制成的，很环保。削铅笔的时候偶尔还能闻到木头的香气。

〔笔杆〕

制作铅笔笔杆的材料大多是美国产的香柏木。香柏木是一种质轻易削的柏树，制成木板时几乎不弯曲。

铅笔是用两块木板将笔芯像三明治一样夹在中间制成的，如果仔细观察铅笔两端的切割面，你可以看到中间有一条线，这就是两块木板合在一起的痕迹。

〔笔芯〕

笔芯是将黑铅这种矿物（地下自然形成的矿物）磨成粉后，与黏土混合烧制而成的。笔芯颜色的浓淡取决于黑铅和黏土混合的比例。

黑铅的学名是石墨（英语：graphite），煤炭和钻石都是它的同类。

为什么铅笔多是六边柱形的？

圆柱形笔杆的铅笔只要放在稍微倾斜一点的地方就会滚动，所以铅笔基本都被做成了六边柱形。还有，因为使用铅笔时一定要用3根手指（大拇指、食指和中指）握住笔杆，所以笔杆设计成3或6这样边数是3的倍数的形状握起来会比较舒适。

铅笔的标准尺寸

长度	约 18cm
直径	7~8mm
笔芯粗细	约 2mm （2B 铅笔）

B/F/H有什么区别?

铅笔的笔杆上都会有B/F/H的标记，这是用来表示笔芯的硬度和颜色浓淡的。

B是BLACK（黑色）的首字母，2B、3B、4B……数字越大，表示笔芯越软，写出的颜色越深。H是HARD（硬）的首字母，H前面的数字越大，表示笔芯越硬，写出的颜色越淡。F是FIRM（坚固）的首字母，表示硬度和写出的颜色浓淡介于H和HB之间。

为什么铅笔可以在纸上写字?

写字的时候，铅笔芯会在纸面上用力摩擦。纸虽然看起来很平，但因为是由木纤维制成的，放大之后可以看到表面凹凸不平。笔尖在纸面上用力摩擦时，笔芯的黑铅屑就会被蹭下来，留在这些小坑里，于是我们就能看到铅笔写下的字迹了。

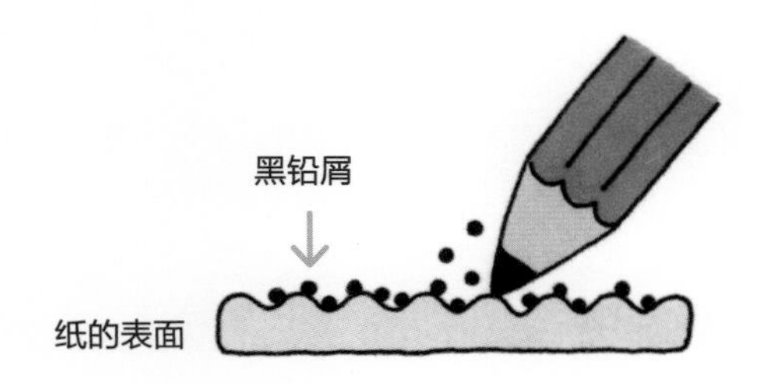

铅笔芯的软硬与颜色浓淡

软

6B
5B
4B
3B
2B
B
HB
F
H
2H
6H
9H

硬

〔 6B~4B 〕

推荐用于写字，力度的强弱不同，写出来的字迹浓淡也不同。因为用手指也可以擦开，所以也经常用于作画。

〔 3B 〕

书写时轻柔流畅，因此建议在长时间写字或者画画时使用。

〔 2B~B 〕

适合笔压（将笔芯按在纸上的力度）较弱的小学中低年级学生使用。

〔 HB 〕

有着小学高年级学生、初高中生和成年人都适用的粗细和浓淡程度。非常适合用来记笔记和写备忘录。

〔 F~H 〕

适合笔压强的成年人使用。

〔 2H~9H 〕

在起草建筑物或机械的图样时使用。因为笔芯很硬，所以线条不会很粗，颜色也很淡，可以用橡皮轻松擦去。

原来如此！小知识

9H的手机屏幕保护膜是什么意思?

铅笔的硬度从6B到9H共有17个等级。其中用来表示硬度的“H”和数字，也用于表示手机屏幕贴膜的硬度和与屏幕的贴合程度。比如写着“硬度9H”的贴膜，意思就是这个贴膜硬度很高，即使用9H的铅笔去划也不会留下划痕。

铅笔的秘密

1根铅笔能写出的长度是多少？

大约 50km

有人做过实验，以 300g 的笔压（一般成年男性的笔压大约是 150g，也就是其 2 倍）用 HB 铅笔笔芯在长筒状的纸上不停地绕圈画出连续的线条，最后线条的长度竟然有 50km 左右。虽然加上笔杆后画出的长度可能不会与此完全一致，但仍然要比圆珠笔（约 1.5km）和整盒自动铅笔笔芯（约 10km）能写出的长度长得多。

出发！

铅笔的长度是固定的吗？

虽然有各种长度的自动铅笔和圆珠笔，但全世界铅笔的长度都大约是 18cm（7 英寸）。这是由 1851 年制作出全世界第一支六角形铅笔的德国辉柏嘉公司第四代继承人洛泰·冯·法贝尔（Lothar von Faber）定下的。之后，铅笔被推广到全世界，这种形状和长度的标准也沿袭了下来。

铅笔

约 50km

山中湖

原来如此！小知识

德川家康也用过铅笔！

日本现存的最古老铅笔，是静冈县久能山东照宫博物馆展出的德川家康的遗物。虽然没有留下确切的记录，但据说这支铅笔是江户时代初期，别人从欧洲带到日本作为礼物赠予家康的。

铅笔是在何时何地被发明出来的？

1564 年，人们在英国的博罗戴尔矿山发现了黑铅。虽然黑铅因具有黑色和柔软的特性，可以用来在纸上书写，但黑铅极易折断，直接握在手里还会把手弄脏。于是，人们开始用线把黑铅缠起来、用木头把黑铅夹起来、在木棍或金属棍的前端塞进黑铅小块使用。这就是铅笔的雏形。

又过了 200 年，才有人想到和现在类似的铅笔芯制法——在黑铅粉末中混入硫黄（用于火药的矿物）和黏土，然后烧制成固体的笔芯。

铅笔的演变过程

1564 年

1 人们在英国博罗戴尔矿山偶然发现了黑铅。

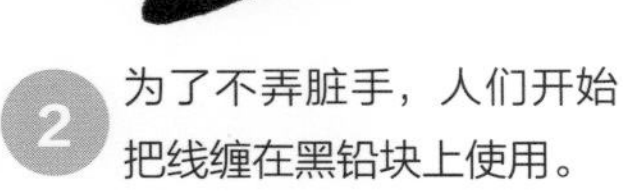

2 为了不弄脏手，人们开始把线缠在黑铅块上使用。

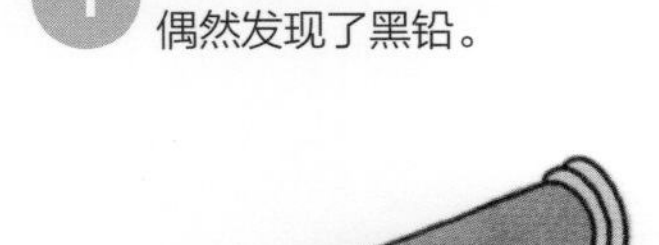

3 博物学家康拉德·格斯纳想到了在圆管一端塞进黑铅小块的方法。

4 出现了这种把削成四角形的黑铅用木板夹住的用法。

18 世纪后半叶

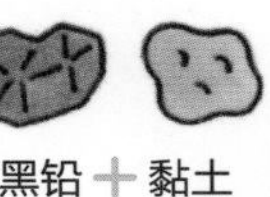

在黑铅粉末中混入硫黄和黏土后烧制成的固体笔芯登场。将笔芯嵌入挖出凹槽的模板中，再用另一块模板封起来。

1851 年

辉柏嘉公司发售用六角形笔杆裹着圆柱形笔芯的铅笔，这就是我们现在使用的铅笔的前身。

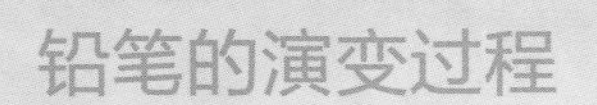
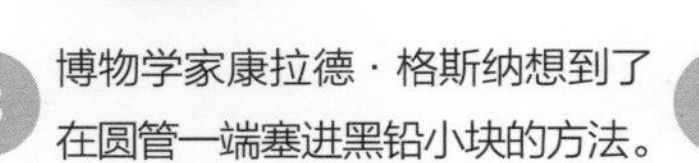

1 合目：山岳用语。主要用于能代表信仰的山脉（比如富士山）。从登山口到山顶被分成 10 段，登山口是“一合目”，山顶是“十合目”。这里的“五合目”就是半山腰。——译者注

铅笔达人

❶铅笔的握笔方法

要想成为熟练使用铅笔的“铅笔达人”，第一步就是要学会正确的握笔方法。掌握了正确的握笔方法，不仅写字更快、更漂亮，而且写多少字都不会觉得累。换言之，学习也会更有效率。

铅笔要用大拇指、食指和中指三根手指握持。对照下图所示的三点，确定好大拇指、食指和中指的位置吧。不要过度用力捏住铅笔，要轻轻握住，适度用力才能轻松移动。这样自然而然就能把字写好了。

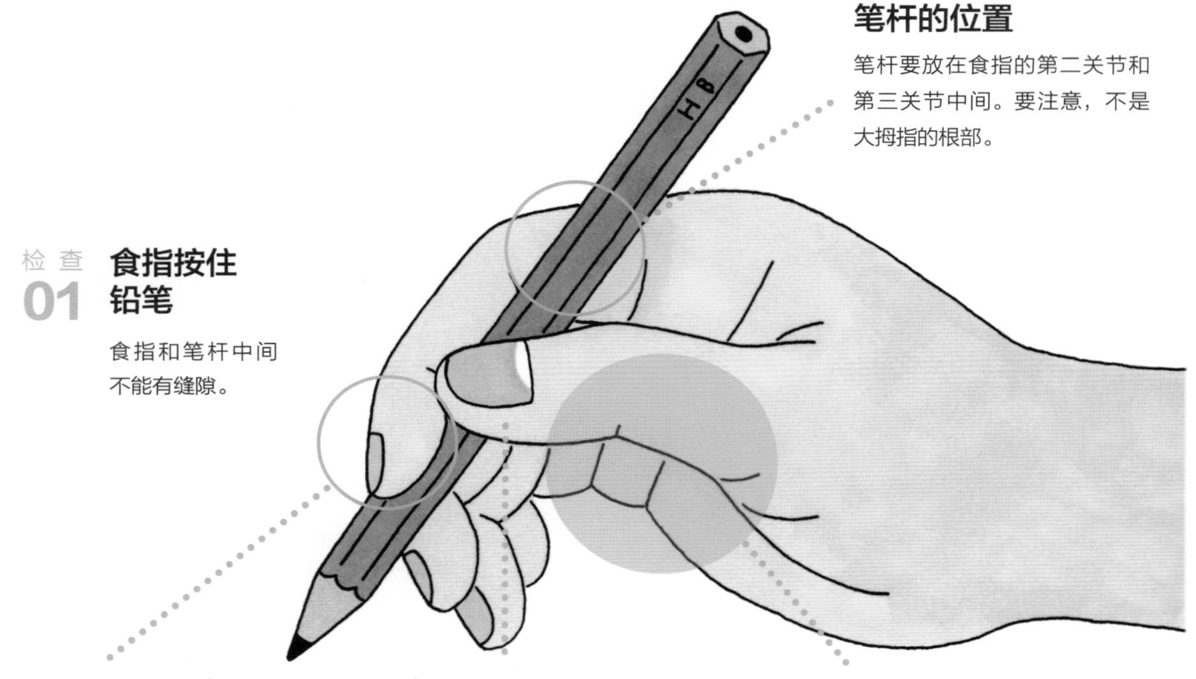

笔杆的位置

笔杆要放在食指的第二关节和第三关节中间。要注意，不是大拇指的根部。

检查 01 **食指按住铅笔**

食指和笔杆中间不能有缝隙。

食指的位置

食指的指腹要紧贴着笔杆，放在削出笔尖的部分往上一点、大拇指下方的位置。

检查 02 **大拇指放在这里，注意不要过于用力**

将大拇指轻轻地放在食指上面的位置。

检查 03 **手掌是鼓起来的形状**

手掌中要留出能够放入一个乒乓球大小的空间。

从正面看看吧！

从正面看一下拿着铅笔的手吧。大拇指、中指、食指应该形成一个三角形才是正确的握笔姿势。无名指和小指随中指一起移动。

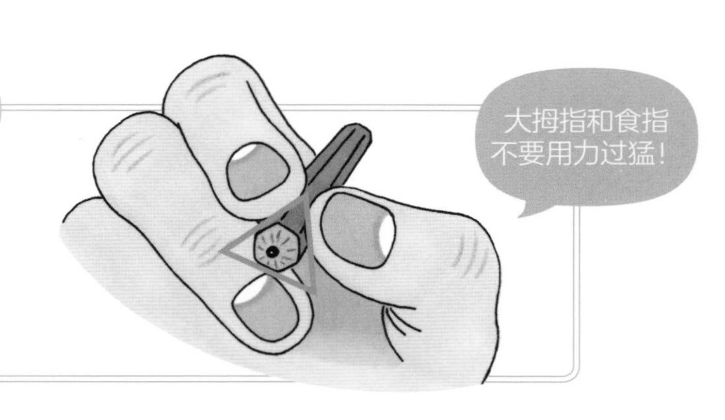

不仅是手，坐姿也很重要。

要写出漂亮的字，不仅要关注手部姿势，坐姿和身形也很重要。如果写出的文字或段落是歪的，要么是因为坐姿偏左或偏右，要么是因为写字时弯腰趴在桌子上了。写字时应该挺直后背，头稍稍前倾，另外应该选择高度合适的桌椅，确保胳膊正常放在桌子上时肩膀不会抬起。

检查 1 坐进椅子深处，挺直腰。这样一来后背也会自然伸直。

检查 2 调整椅子的位置，让桌面和肚子保持一拳距离。身子不要靠在桌子上。

如果你用右手写字，就把写字的纸放在中间稍微偏右的位置。

将纸张或笔记本正着放在桌子上，不要歪斜。用右手写字的人应将其放在正对身体稍微偏右的位置；用左手写字的人则放在稍微偏左的位置。这样手和胳膊可以轻松移动，写字时能清晰地看到自己在写什么。

不拿笔的手和拿笔的手在桌子上呈“八”字形摆放，注意手肘不要放到桌面上。

书写位置

用右手写字时纸张应稍微偏向身体中心的右侧；用左手写字时纸张则应稍微偏向身体中心的左侧。

写写看！

用手腕支撑也是要点

如果手远离纸张或桌面，即使写字时手和手指的动作都很轻柔，写出的字体线条也会歪歪扭扭的。可是如果把小指的侧面整个紧贴在桌面上，就很难移动铅笔了。小指一侧的手腕（手掌根部的部分）接触桌面，支撑食指、中指、无名指和小指，让这四根手指可以自由移动，就可以写出好看的字，画出好看的圆、长竖线和长横线。

在**此处**支撑食指、中指、无名指和小指。

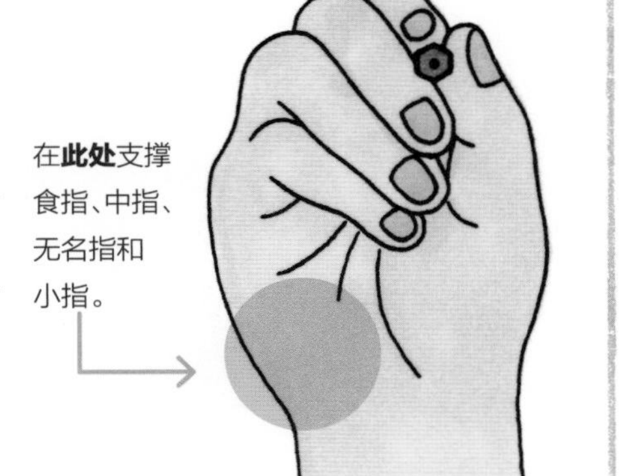

铅笔达人

❷ 画出漂亮的画吧

画画时要长时间握笔

画画时，握笔的方法与写字时有所不同，要在写字时握笔位置上面一些的地方握笔。在运动手腕画线时，如果握住笔杆上方一些的位置，笔尖移动的距离会变得更长，就能够画出漂亮的长线条。轻轻握住铅笔，手腕轻柔地运动，从左下到右上、从右下到左上，然后再上下、左右，尽量以同样的节奏去练习画出流畅的线条吧。

铅笔画技法（猫咪篇）

① 用线“涂色”

“涂色”其实就是线的集合。在想涂色的部分不断叠加斜线以及垂直方向和水平方向的线条，画出更浓的颜色。

② 画出有力量变化的线条

画猫咪的毛发和胡须时，线条从起笔处到结尾处应该越来越细，要用削尖的铅笔以“咻咻”的手法画出有力量变化的线条。

③ 加入光线

这是画眼睛的技巧。画黑眼珠时不要全部涂黑，高光的部分要进行留白，这样就能让眼睛看起来更立体、更栩栩如生。

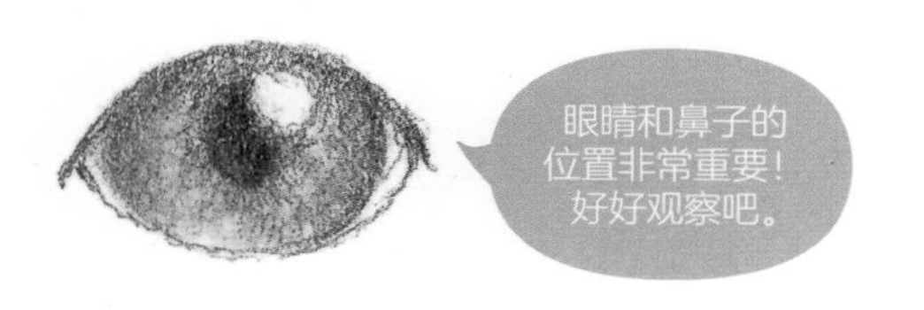

④ 浓淡层次

先从需要用力的浓的部分开始画，渐渐减弱力量，使笔触慢慢变淡。将铅笔放平去涂的话可以画得更好。

专业人士用小刀或刻刀削铅笔

在画油画、日本画的草图和插画时，专业画家一般都会用小刀或刻刀削铅笔。这样就可以画出自己想要的线条和浓淡程度。比如要进行大片涂色时，就要把颜色浓的铅笔芯削得粗一点。要画细线时，就要把铅笔芯削尖。可以按照需要精确调整笔芯的粗细和长短。

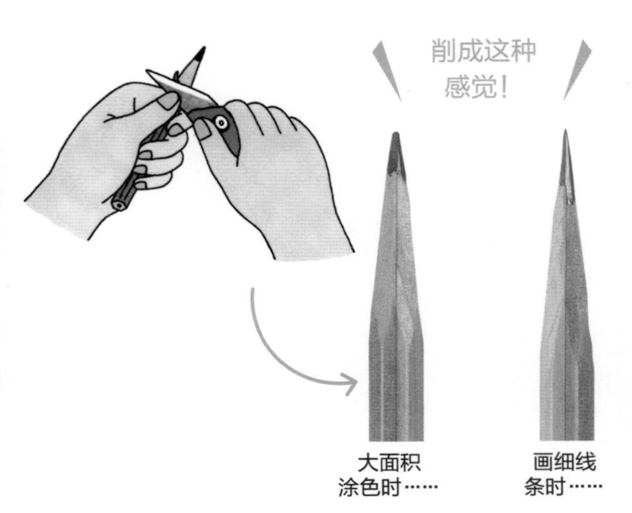

只用铅笔（HB、B、6B）画插画

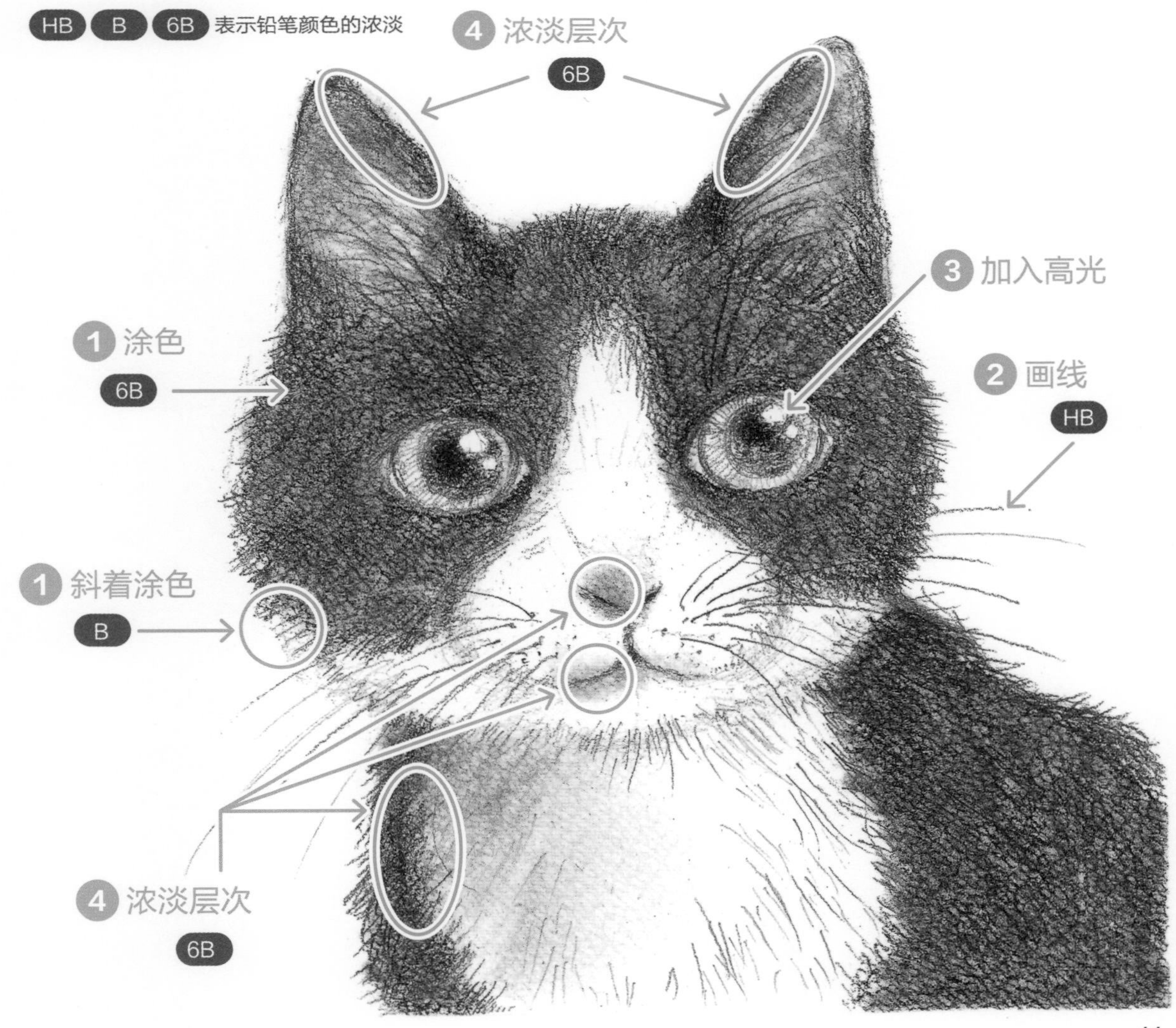

彩色铅笔的世界

光是看着就让人没来由地感到兴奋的彩色铅笔，其制作方法和普通铅笔基本一样，主要区别在于笔芯。彩色铅笔的笔芯是在彩色原料中混入蜡和油之后凝固而成的。和用黏土混合后烧制而成的普通铅笔芯相比，彩色铅笔的笔芯质地非常柔软。市面上销售的彩色铅笔一般是 12 色、24 色、36 色等规格的套装，也有 90 色、500 色的套装。

不管是和朋友交换小字条，还是写日记，都试着用彩色铅笔画一下你想画的东西吧！

彩色铅笔的伙伴

油性手撕卷纸蜡笔

油性手撕卷纸蜡笔的笔杆是用纸做的，拉扯分割线剥开外层的纸就能露出笔芯。该名称由希腊语中的“皮肤”和“书写”组合而来，据说这种笔最开始是医生用来在患者皮肤上画线的。这种蜡笔当然能在纸上书写，而且可以在玻璃和金属上使用。

水彩铅笔

可以当作普通的彩色铅笔使用，如果涂色之后滴上水，用毛笔或棉签轻轻涂开，就可以把画好的颜色晕开，做出用水彩颜料绘画的效果。即使不用画板和专业画具，也可以轻松画出水彩画。

铅笔芯是怎样制成的？

找找普通铅笔和彩色铅笔的不同吧！

用普通铅笔写出来的线条是黑色的，用彩色铅笔中的“黑色”铅笔写出来的线也是黑色的。但是就算同样是黑色，普通铅笔的黑色和彩色铅笔的黑色其实并不是同样的颜色。区别就在于笔芯。普通铅笔和彩色铅笔的笔芯所用的材料完全不同，制作方法也稍有区别。在笔芯制造工厂里，我们深入调查了普通铅笔和彩色铅笔的笔芯各自都是如何制作出来的。

01 混合材料

在制作笔芯的材料中加水，然后用搅拌机充分搅拌。

02 研磨

将混合好的材料放上滚筒，将其充分融合并磨碎。

03 挤出

将研磨好的材料按照笔芯的粗细挤出。将柔软的笔芯缠在像线轴一样的大号卷轴上。

刚生产出来的笔芯，就像煮过的意大利面一样，十分柔软。

普通铅笔和彩色铅笔的制作材料虽然不同，但制作方法大部分都是一样的。

彩色铅笔的颜色是用什么做出来的？

决定彩色铅笔颜色的是一种称为“颜料”的材料，它是颜色的基础。以前的颜料是将土和石等矿物细致研磨制成的，或是使用动物和植物身上含有的色素制作的，但这些东西难以获取，做出的颜色也不够鲜艳，所以，现在工厂大多使用的是由矿物和石油合成的颜料。合成的颜料颜色种类丰富，色彩鲜艳，可以制作出如今常见的各种颜色的彩色铅笔。

彩色铅笔笔芯的材料

- 水
- 胶水　用来固定材料
- 颜料　制作色素
- 蜡　提高书写流畅度
- 滑石（矿物粉）　提高书写流畅度

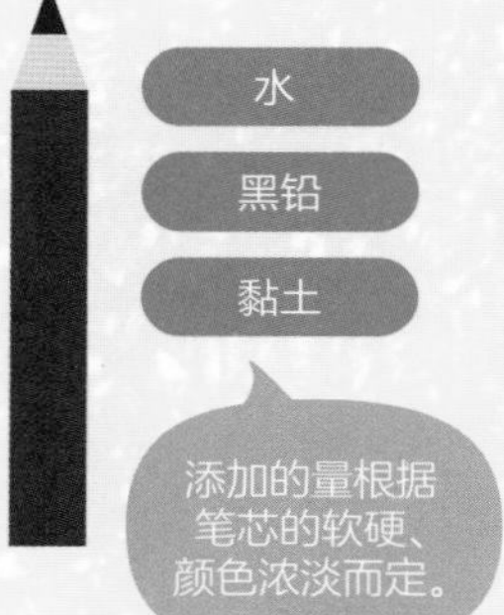

添加的量根据笔芯的软硬、颜色浓淡而定。

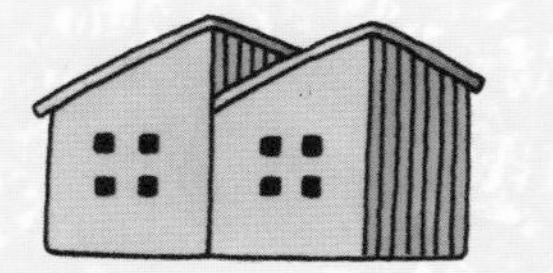

05 干燥

将笔芯放进筒形容器，
放入干燥机进行长时间的干燥
处理。干燥的时间和温度根据
笔芯的种类而各有不同。

04 切割

趁着笔芯还是柔软的
状态，将其切割成
20cm 左右的长度。

06 出货

检查每根笔芯的长度、
粗细（直径）、颜色的亮度
和饱和度，将合格的装盒出货，
送往彩色铅笔工厂。

06 烧制

将笔芯放入容器，
送进炉子，
以 1000℃ ~ 1200℃的温度烧制。

07 浸油

将烧制好的笔芯放入热油中
长时间浸泡，等油彻底渗透
笔芯之后，再将笔芯慢慢冷却。

为什么要烧制笔芯?

用铅笔写字时，用的力度会比画画或涂色时更大。所以，普通铅笔的笔芯需要具备不易折断的硬度。就像制作硬的餐具时先用柔软的黏土做出形状再进行烧制一样，含有黏土的笔芯也是通过烧制来提高硬度的。

08 出货

检查每根笔芯，
将合格的装盒送往铅笔工厂。

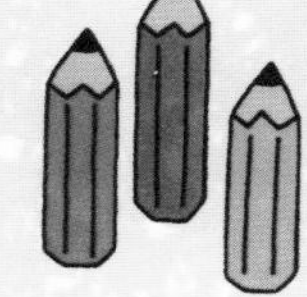

参观铅笔工厂

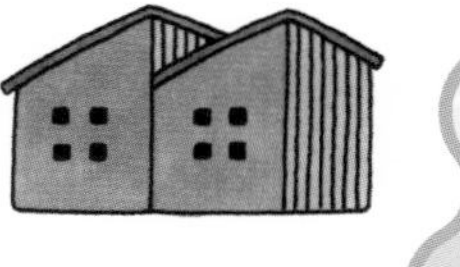

我们平时使用的铅笔到底是怎样制作出来的呢？

我们去了东京葛饰区的“北星铅笔”工厂，观摩了彩色铅笔的制作过程。

材料

笔杆的材料一般是北美翠柏、白桦树等树木。这些树木都是被切成轻薄易运输的木板后再运输到日本的。

将木板翻过来，对另一面也进行同样的切割。

切割

将干燥后的木板从一侧进行切割。通过改变切割机的刀片，可以切出六角形、四角形、三角形和圆形等各种形状。

通过切割机后，木板就被分成了一根一根的铅笔。

上色

笔杆需要进行多次上色，防止水浸入其中导致弯曲或损坏，有保护木制笔杆的作用。

印刷文字或图案

在笔杆上印上厂家的名字或标识以及颜色名称等。有时也直接贴上复印的标签。

刻出凹槽

在木板上挖出刚好能放入笔芯的半圆形凹槽。挖好凹槽的木板从机器里陆续运送出来。

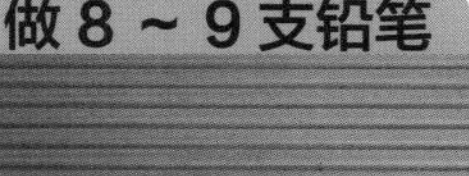

1 块木板可以做 8 ~ 9 支铅笔

这块木板会被做成 8 ~ 9 支铅笔哦。

放入笔芯

在挖好的凹槽里涂上胶水，再放入笔芯。照片上展现的是制作红色铅笔的过程。

夹住笔芯

在放好笔芯的木板上，再放上一块同样挖好凹槽涂好胶水的木板，让两块木板像三明治一样夹住笔芯。

将压好的木板像这样摞在一起，放置 15 个小时让胶水干燥。

挤压

为了让笔芯和笔杆牢固地结合在一起，将木板每 40 组捆在一起放入一个金属框中，从金属框两侧施加压力，将木板按实。

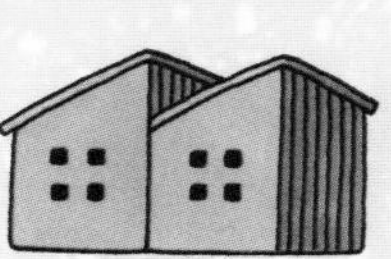

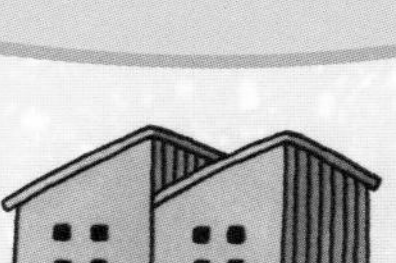

完成

放置制作完成的铅笔的容器呈三角形。这是为了方便统计铅笔的数量。从下往上，第一行 1 支，第二行 2 支，第三行 3 支，以此类推，只要数一共有多少行，就能知道铅笔的数量了。

将铅笔的两端稍微切薄、排列整齐，就大功告成了。彩色铅笔应该用高速锉刀削好之后再出货，这样购买它们的人就不必自己一根根去削。

出货

装箱

将一打（12 支）铅笔一起装在一个盒子里，再放入袋子或箱子中，然后运往商店或委托生产铅笔的公司。

橡皮的进化

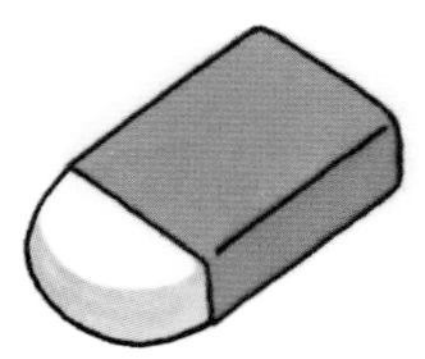

在石墨被用于生产铅笔 200 年之后，橡皮擦首次出现。为了追求能够擦得更干净的原料和外形，橡皮一直在不断进化。

▶ 16 世纪（铅笔诞生前后）

面包橡皮

用小麦面包块去擦除，文字就变淡了。

▶ 1770 年

橡皮诞生

英国化学家发现使用天然橡胶（橡胶树树液凝固后的物质）可以擦除铅笔写的文字。

▶ 1927 年

日本橡皮登场

日本第一款橡胶橡皮（见 p.19）成功生产。原材料是天然橡胶。

▶ 1954 年

进入塑料橡皮的时代

以由石油和海水制成的氯乙烯为原材料的塑料橡皮在日本诞生，随后流传到全世界。

橡皮消除文字的原理

用铅笔写的文字或画的画，其实就是笔芯上掉下的黑铅粒附着在纸上（见 p.5）。如果用橡皮去擦，黑铅粒就会附着在橡皮表面，通过继续摩擦，这些黑铅粒就会被包裹起来，最后变成橡皮屑从橡皮上掉落。

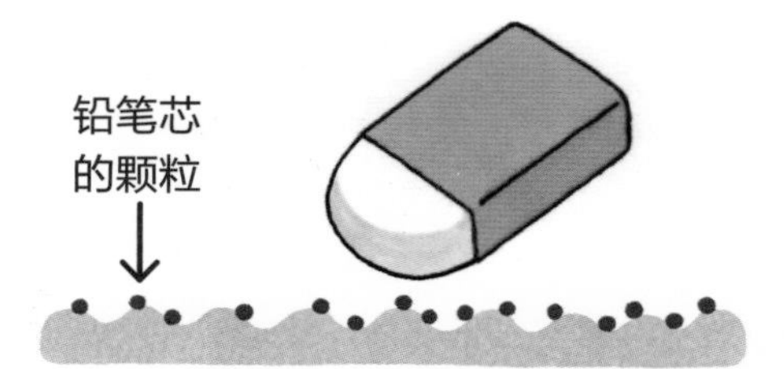

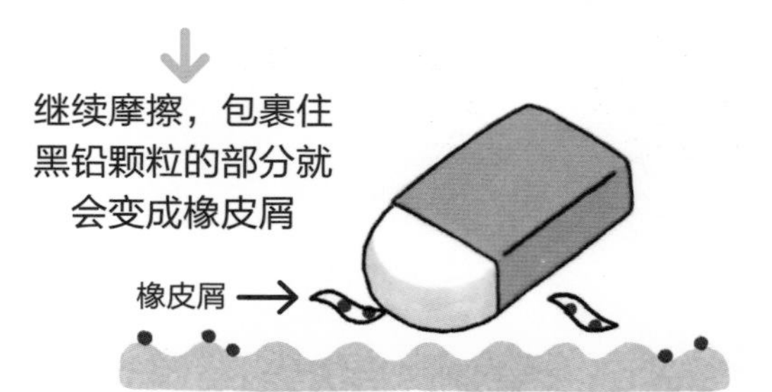

为什么橡皮不能擦除用钢笔或记号笔写的文字?

钢笔和记号笔的墨水会浸透到纸的纤维中。因此，即使用橡皮在纸上擦也无法擦除这些文字。

橡皮的种类

为了适应不同目的、不同场合和不同人群的使用需求，各种材质、各种形状的橡皮应运而生。

橡胶橡皮

使用天然橡胶或合成橡胶制作的橡皮被称为橡胶橡皮。这种橡皮在擦除文字、修改绘画草稿时很有用。

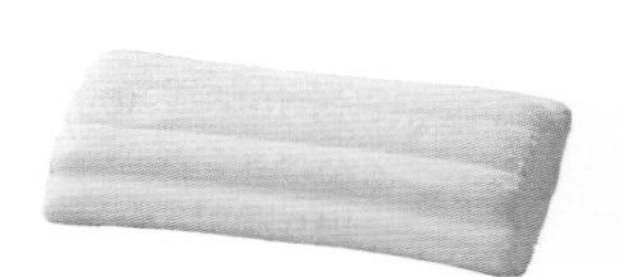

黏土橡皮

由天然橡胶制成的可拉伸型橡皮擦，无须加热橡胶即可保持柔软。一般在画铅笔画或色粉画时使用。

天然橡胶橡皮

将天然橡胶加热后凝固制成的传统橡皮。因为非常坚硬，所以消耗得非常慢。

砂质橡皮

在天然橡胶中混入玻璃粉末后制成。通过让玻璃粉末摩擦纸张表面来擦掉用笔书写的文字。

塑料橡皮

将氯乙烯加热后凝固制成的塑料橡皮。因为“比橡胶擦得更干净”而备受欢迎，现在市面上大部分都是塑料橡皮。

细长型

可以轻松放入铅笔盒的细长型橡皮，方便擦除很小的文字。

基础款

方便实用，擦得干净，是最常见的款式。

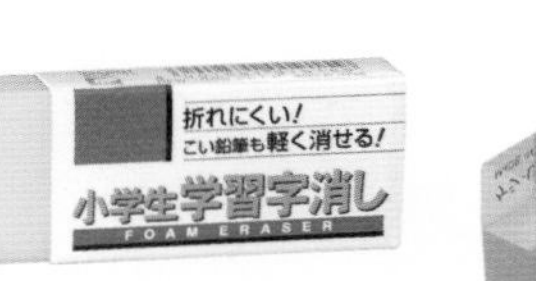

小学生专用

可以擦除用 2B 等颜色浓重的铅笔书写的文字，同时不会弄脏笔记本。

多角橡皮

可以用橡皮的角擦除细节。

彩色橡皮

塑料橡皮很容易加入颜色或香味。有各种各样的颜色。

黑色橡皮

不管怎么使用，橡皮本身都不显脏。

彩色铅笔专用

用来擦除使用普通橡皮难以擦除的彩色铅笔痕迹的橡皮。

集屑橡皮

橡皮屑会轻松地聚集到一起，不会在桌面上散落得到处都是。

有趣的橡皮类型

有各种颜色和形状的橡皮，如食物和恐龙橡皮。

各种形态的橡皮

铅笔形橡皮

像铅笔一样需要先削再使用的橡皮，可以擦除用墨水书写或印刷的文字。

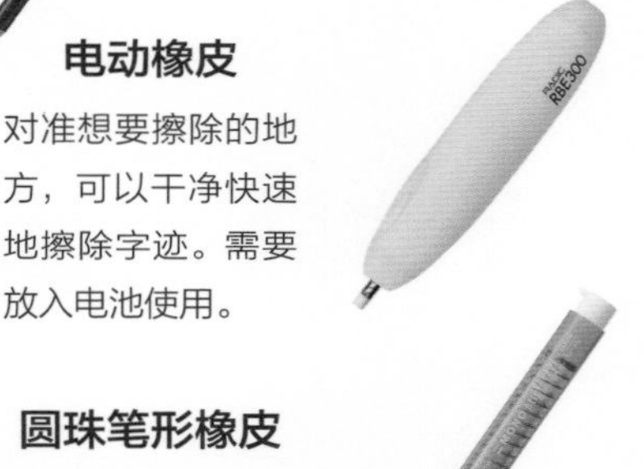

电动橡皮

对准想要擦除的地方，可以干净快速地擦除字迹。需要放入电池使用。

圆珠笔形橡皮

可以像自动铅笔一样，只按出需要使用的部分的按动式橡皮。

超大号橡皮

可以用于制作橡皮章的大号橡皮。长 13cm、宽 6.3cm。

实物大小

铅笔之外的

笔是比铅笔更古老的书写工具

在铅笔诞生前的数千年，人们使用削尖的工具或坚硬的工具在黏土制成的板子上刻下文字。不久后，又使用木炭、矿物和植物等材料制作出了各种墨水，用书写工具蘸取之后，在植物或动物的皮上或者木板上记录下文字和绘画。

用来蘸取墨水进行书写的道具有用动物毛发捆成一束制成的毛笔，也有将动物骨头、植物枝干、大型鸟类的羽毛等削尖处理后制成的类似笔的工具。

(10 + 3) × 12 = 10 × 12 + 3 × 12

あけまして おめでとう

Thank you

田中 ゆうき

一兆の10倍を十兆といいます

进化成方便使用的笔

毛笔或羽毛笔等书写工具在世界上不同的地方诞生，又演变成各种形状，最终传入了日本。用毛笔书写时，要在砚台上蘸取磨好的墨；用羽毛笔书写时则是用羽毛梗的尖部蘸取墨水。

在毛笔笔头或羽毛笔笔尖上蘸取的墨水很快就用完了，所以需要书写长文章时，必须要不停地蘸取墨水再书写。为了解决这种不方便的状况，自来水笔（p.21）应运而生。

书写工具

日本的学校以前用什么？

距今约200年前的江户时代，有名为“寺子屋”的类似于如今学校的场所。在那里学习的孩子们使用毛笔和墨汁书写文字，然而这样书写绝不像使用铅笔那样轻松。进入明治时代（1868—1912年），日本也出现了从国外传入的铅笔，但那时不管是纸还是铅笔，价格都还十分昂贵，所以并不普及，孩子们主要使用被称为“石笔”的软石块在石板上书写文字。日本的孩子们普遍开始使用笔记本和铅笔，是进入大正时代（1912—1926年）以后的事情了。

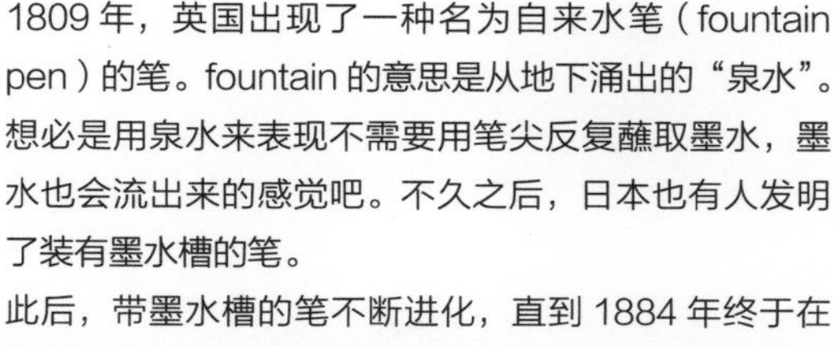

30秒后让你大吃一惊的小知识！

笔的进化

1809年，英国出现了一种名为自来水笔（fountain pen）的笔。fountain的意思是从地下涌出的“泉水”。想必是用泉水来表现不需要用笔尖反复蘸取墨水，墨水也会流出来的感觉吧。不久之后，日本也有人发明了装有墨水槽的笔。

此后，带墨水槽的笔不断进化，直到1884年终于在美国诞生了如今这种构造的钢笔（p.25）。之后，为了制作出更加便利、更易书写的钢笔，经过不断的研究和开发，圆珠笔和记号笔也陆续诞生。

1838 年诞生于美国

我们通常所说的自动铅笔最早出现在美国，名为“Ever Sharp”（永远锋利）。这种全新形式的铅笔登场了，转动铅笔上方，就能把笔芯转出来，虽然不像今天的自动铅笔一样可以收回铅芯，但它也不会像普通铅笔一样越削越短。“自动笔”这个名字，是第一款日本国产自动铅笔“Ever-Ready Sharp Pencil”的昵称。

“自动笔”这一名称的来源是“Ever-Ready Sharp Pencil”。英语里其实并不管这种铅笔叫“sharp pencil”，而是称之为“mechanical pencil”（有机械结构的铅笔）。

自动铅笔

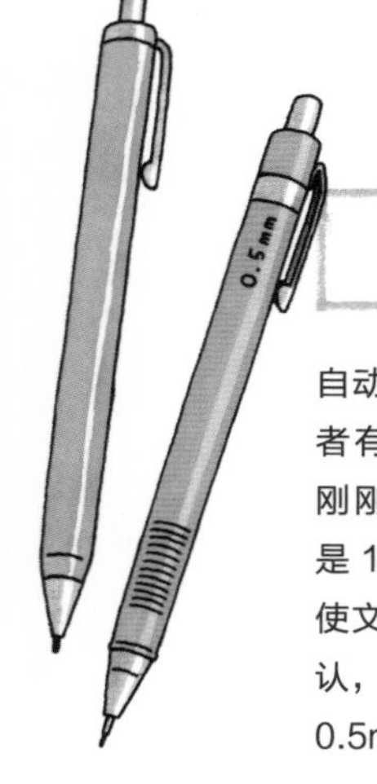

自动铅笔的笔芯

自动铅笔和普通铅笔最大的不同之处就是前者有各种直径的笔芯可供选择。自动铅笔刚刚被发明出来的时候，笔芯的直径大约是 1mm，后来出现了 0.5mm 的笔芯，即使文字的笔画数很多，也可以写得清晰易辨认，自动铅笔因此在全日本普及开来。如今，0.5mm 的笔芯依然是初高中生最常用的。

自动铅笔的挑选方法

手小、握力弱的人适合较轻巧、手握部位比较柔软的自动铅笔。这样即使是需要写很多字，手指也不会疼。而手劲较大、经常折断笔芯的人，则应该选择经过特别设计、笔芯不易折断的自动铅笔。

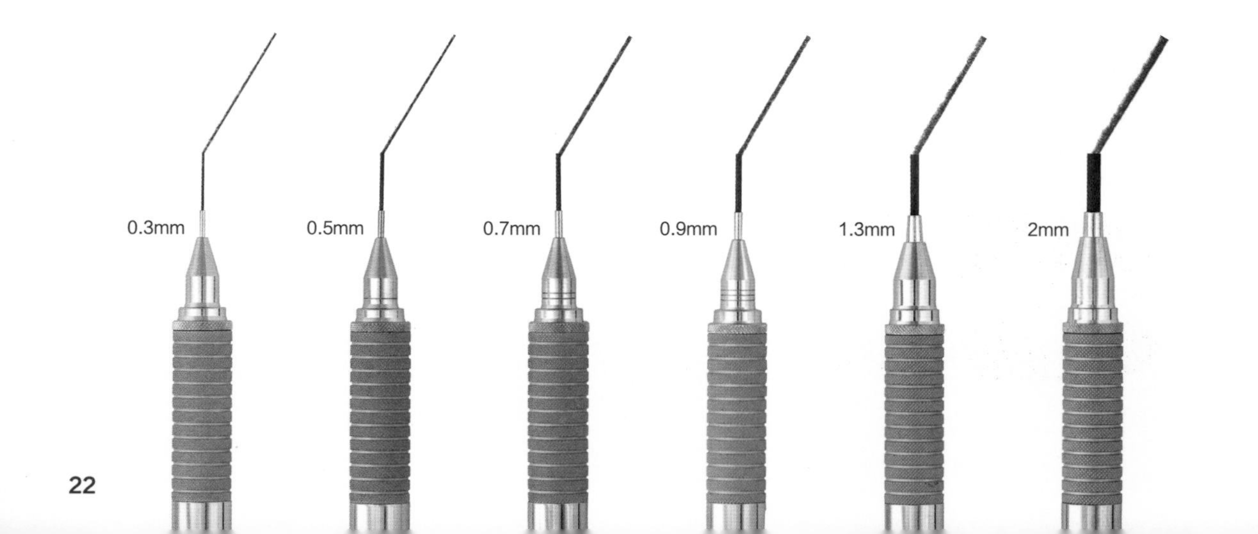

自动铅笔的时代变迁

▶ 1838 年 Ever Sharp

在美国发售，随即普及全世界。转动顶部，笔芯就会出来。

▶ 1915 年 早川式转出铅笔

日本国产第 1 号自动铅笔。因价格十分高昂，并未得到普及。

▶ 20 世纪 60 年代 按动式

日本的厂商开发出了按动式（按动顶部，笔芯就会出来）自动铅笔。

0.5mm 笔芯

因为按动式和细笔芯的出现，自动铅笔变得符合更多人的使用需求。还出现了可以取代金属制自动铅笔的塑料材质自动铅笔。

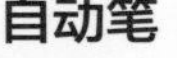

▶ 1980 年 自动笔

塑料材质、价格低廉而且设计也很可爱的便宜自动铅笔登场。儿童也开始普遍使用自动铅笔了。

“小学生要使用普通铅笔”的理由

很多小学都会有必须使用普通铅笔的规定，这样做其实是有原因的。

在书写汉字的时候，最重要的就是“顿”“提”“按”。一个汉字里，有用力书写（粗）的笔画，也有轻轻书写（细）的笔画，把这些变化很好地表现出来的字，就会让人觉得“写得真漂亮啊”。而最容易写出这些变化的就是普通铅笔。

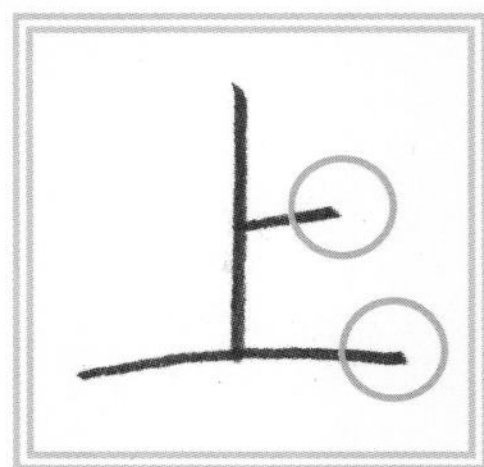
顿

提　按

你知道吗？还有这样的故事

用自动铅笔写下的《不畏风雨》

以《银河铁道之夜》《要求太多的餐馆》等作品为人熟知的宫泽贤治，是 1896 年（明治二十九年）出生的作家。宫泽贤治非常喜欢尝试新事物，所以自动铅笔一上市，他就立刻买了一支，外出进行调查和研究时，他总是用绳子把自动铅笔挂在脖子上。那首著名的诗歌《不畏风雨》，就是他用自动铅笔写在手账上的。

圆珠笔

圆珠笔这一名称的由来

圆珠笔的笔尖里嵌着一颗非常小的小球。书写文字时，通过这颗小球的旋转把球上的墨水转移到纸上。在圆珠笔笔芯内部，墨水受重力推动附着到小球上。因此，如果把圆珠笔的笔尖朝上进行书写的话，墨水将很难流出。

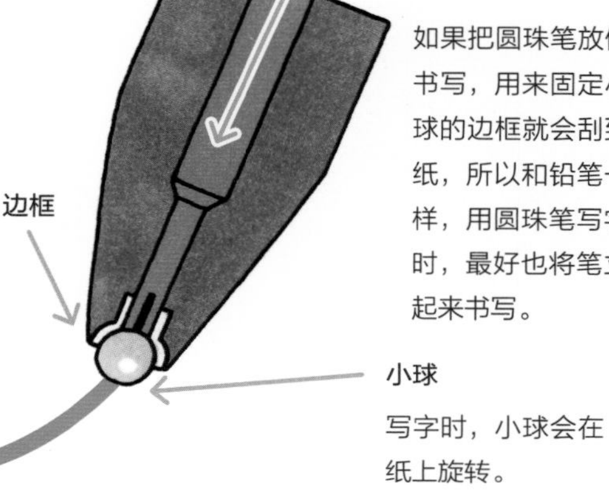

有很多种颜色的中性墨水圆珠笔

来对比一下这三种不同类型的墨水吧

	特征	推荐用途
油性墨水	虽然书写时需要稍用点力，但是防水性强，字迹不容易晕开。据说只要不被强烈日光照射，字迹可以保持 50 年以上不消失	· 文件 · 邮寄、快递的发票
水性墨水	质地流畅，轻轻书写即可，写起来不会感觉累，适合写长文章。字迹有时会晕开	· 长文章 · 插图
中性墨水	只用很轻的力道就能流畅书写。有很多种颜色，不容易晕开。兼具油性和水性墨水的优点	· 五颜六色的信纸 · 插图、涂色

原来如此！小知识

圆珠笔的字迹也能用橡皮擦掉吗？神奇的圆珠笔登场

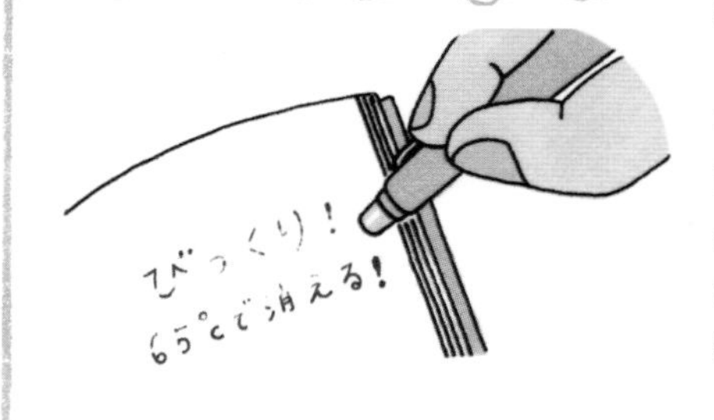

可擦除圆珠笔的秘密，不是笔杆上附带的橡胶（橡皮），而是特殊的墨水。这种墨水的特性是达到 65℃时颜色就会消失，到 −20℃时颜色又会重新出现。利用这一特性，使用橡皮去擦除时就会产生“摩擦热”从而使温度达到 65℃以上，文字就从纸面上消失了。

钢笔

世界首次！一体式水笔

距今大约200年前诞生的钢笔，是世界上首次出现的墨水和笔一体化的书写工具。如今制作钢笔运用的依然是和当初差不多的原理——利用“毛细管”将液体渗透到狭窄的缝隙中，并在其中流动。从墨囊里流出的墨水，沿着笔尖内侧的笔槽流到笔头，再被写到纸上。

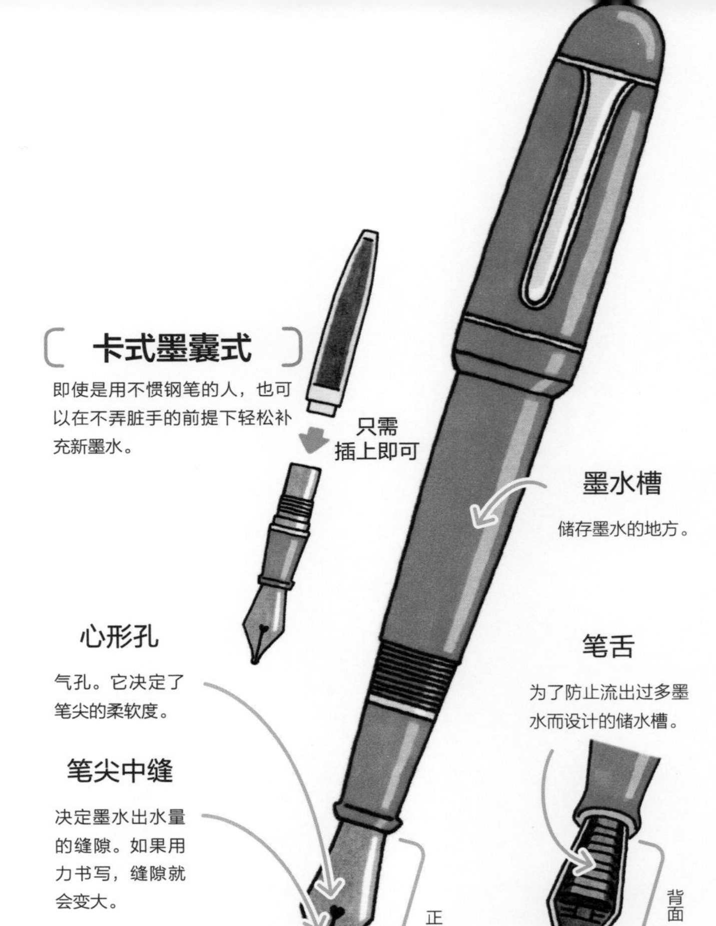

卡式墨囊式

即使是用不惯钢笔的人，也可以在不弄脏手的前提下轻松补充新墨水。

墨水槽

储存墨水的地方。

心形孔

气孔。它决定了笔尖的柔软度。

笔舌

为了防止流出过多墨水而设计的储水槽。

笔尖中缝

决定墨水出水量的缝隙。如果用力书写，缝隙就会变大。

笔头

书写文字的部分。一般使用不易磨损的金属制作。

钢笔的墨水

墨水用光后注入新墨水的方法，有从墨水瓶里吸上来的“吸入式”和更换装有墨水的小管的“卡式墨囊式”两种。另外，还有一种叫作“吸墨器”的便利工具，可以取代卡式墨囊，直接从墨水瓶里吸入墨水。

吸入式

一次可以储存较多墨水。可以使用各种颜色的墨水，也比较节省成本。

可替换式墨囊

可替换式墨囊可以代替卡式墨囊安装在钢笔上，然后即可从墨水瓶中吸取墨水。

笔头的种类

钢笔笔尖有各种不同的形状和尺寸。写字时用力的话，笔尖就会扩大从而写出粗线条，根据书写力量的强弱，写出的线条粗细也会不同，这是只有用钢笔书写才会有的独特感受。

用不同笔尖书写的文字也各有不同

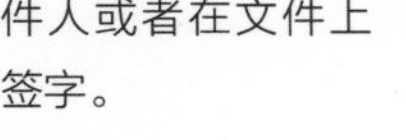

细尖

适合记笔记和写信等。可以写出笔画很细的字。

中尖

很多人使用的类型。如果是刚开始用钢笔的人，推荐使用这种笔尖。

粗尖

适合在信封上写收件人或者在文件上签字。

记号笔的世界

记号笔的原理

记号笔和钢笔一样，也是利用“毛细管”（见 p.25）实现书写的功能。棉芯储墨式记号笔是在笔杆里放入用墨水浸透的棉芯，再将笔尖插入棉芯，墨水会渗入笔尖纤细纤维的缝隙中。

什么是记号笔？

记号笔就是用经过墨水浸透、由羊毛或石油制成的合成纤维制作的笔尖进行书写的笔。记号笔有许多种类如签字笔、毡尖笔、荧光笔、油性笔等。墨水主要分为溶于水的水性墨水和不溶于水的油性墨水两种。

记号笔的内部是这样的！

棉芯储墨式

浸透墨水的棉芯

笔尖

笔尖的另一侧插入棉芯中

直液式

凹槽

笔尖

笔尖和墨水之间有一根很细的“导墨管”。导墨管吸取的墨水量由凹槽来控制。

原来如此！小知识

踏上宇宙之旅的记号笔

那是 1960 年，市面上只有油性粗笔头记号笔。日本的文具公司开发了可以写小字的细笔头记号笔，受到了正在筹划载人宇宙飞行的美国国家航空航天局（NASA）的关注。因为借助重力使墨水流出的圆珠笔，在无重力的太空世界里无法书写。就这样，日本生产的记号笔，随宇航员一同踏上了前往宇宙的旅程。

在什么场合该使用哪种记号笔?

记号笔有不同的颜色和种类，笔尖的形状和粗细也各有不同，
可以根据自己的目的选择适合的种类。

这种时候也很方便！

想在小尺寸的手账上写很多字！

用极细笔的细笔尖，即使纸的空间很小，也能尽情书写！

极细笔

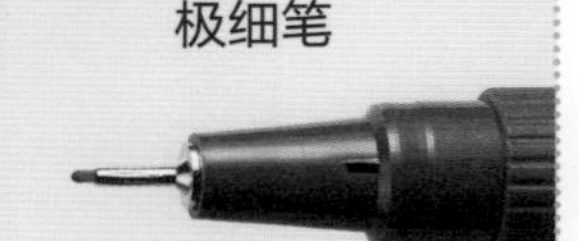

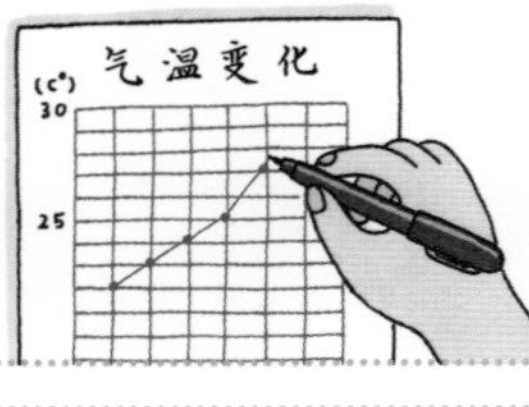

极细笔还很适合填写自由研究的观察记录。可以绘制很小的插图。

想写信和明信片！

用很轻的力度就可以顺畅地书写。粗细程度正好适合书写。

细尖笔

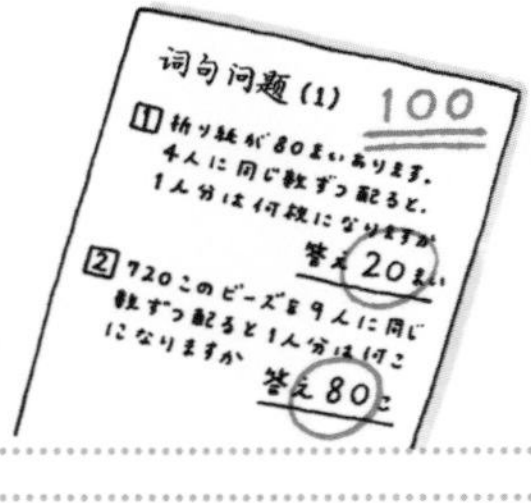

老师们在学习资料和试卷上做标记的时候经常使用。

想在布料和深色纸上写字！

颜色鲜艳。还有白色墨水！

耐久性记号笔

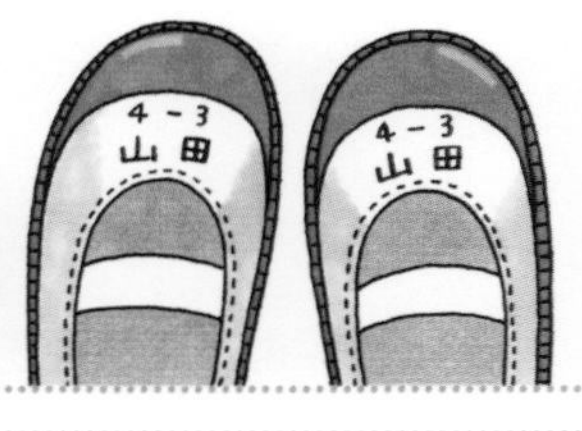

因为基本上使用的都是油性墨水，所以这款记号笔十分适合用来在可能会沾水的物品上写名字。

想把课本上的重点部分标记出来！

可以画出半透明的彩色线条。

荧光笔

在整理学习笔记的时候，可以用荧光笔画线或做标记，使笔记更有条理。

想在海报上写醒目的大字！

用这种有棱角的笔尖，可以写出看起来非常有力量的文字！

粗头记号笔

需要在纸箱外面用醒目的字写明里面装的物品时，也可以使用这种笔。

没有书法工具也想练习毛笔字！

笔尖是和毛笔一样的软笔尖，可以用来写毛笔字。

自来墨毛笔

也可以用来在贺卡、礼金袋、压岁钱红包上写字。

如果没有书写工具的话

想写一张生日贺卡送给朋友，但是，没有铅笔也没有水笔，该怎么办呢？

找找可以上色的东西吧

在我们身边，就有很多可以代替墨水的东西。比如，酱油和番茄酱就可以用作颜料，各种颜色的花朵、水果、蔬菜也可以用来制作颜料。到底会做出和原材料一样的颜色，还是完全不同的颜色呢？让我们一起来试着做做看吧。

这是用西蓝花叶子制成的颜料画的线

颜料的制作方法

例）西蓝花的叶子

1. 用研钵之类的工具将材料磨碎。

叶子

使用料理机打碎也可以哦。

2. 磨好之后，稍微加一点水进去搅拌。

注意，如果水加太多的话会让颜色变淡哦。

3. 加入胶水，充分搅拌均匀。

如果不好好搅拌的话，做好的颜料可能会洇纸。

试着制作书写工具吧

准备好颜料之后，再来找找有什么可以代替水笔或毛笔的东西吧。虽然用自己的手指也可以，但如果要表现文字和绘画的细节，还是使用一次性筷子、棉签、竹签和牙签这些工具吧。在一次性筷子一端裹上棉花，再用纱布和橡皮筋固定好，就可以做出能像毛笔那样大范围涂色的筷子印章了。

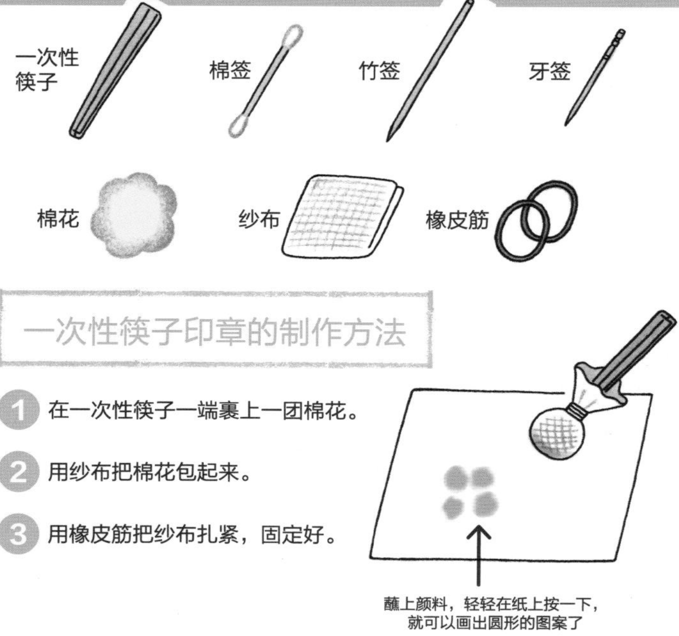

一次性筷子印章的制作方法

1. 在一次性筷子一端裹上一团棉花。
2. 用纱布把棉花包起来。
3. 用橡皮筋把纱布扎紧，固定好。

用蔬菜颜料绘制的生日贺卡

橙色——辣椒（红） 绿色——西蓝花叶子
黄色——辣椒（黄） 棕色——全部混合

还可以这样哦

试试用粉末写字吧

1. 用胶水在纸上写好字。
2. 撒上沙子或粉状调味料。
3. 干燥之后吹掉多余的粉末。

如果用彩色画纸，还可以用面粉等白色粉末来写字。

试试用线来写字吧

可以在布料上用线缝出文字。尽量用细一点的针来缝吧。

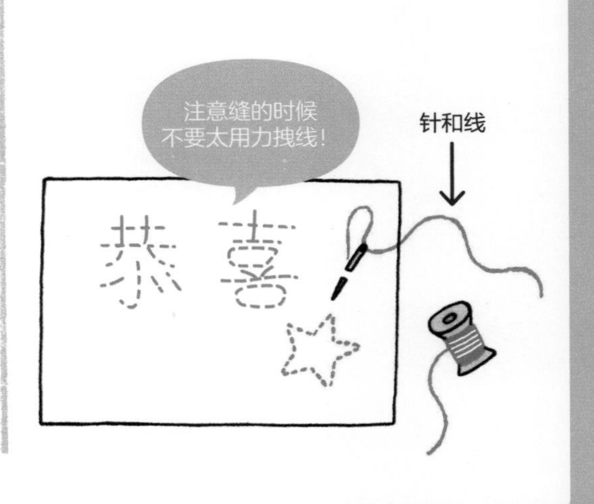

装帧　chocolate.（鸟住美和子）
插图　秋永悠　田代知子 (p.10 ～ 11)　Kamo(p.12 ～ 13)
指导监督　竹内佳华 (p.8 ～ 9)
摄影　chocolate. 向村春树（p.16 ～ 17）
编辑　WILL（片冈弘子、秋田叶子、若山利惠子）　桥本明美

采访协助
KITA-BOSHI PENCIL CO.,LTD. (p.16 ～ 17)
FELISSIMO CORPORATION(p.12 ～ 13)

画像和资料提供
Oriental Industry Co. LTD.
KOKUYO Co., Ltd.
SAKURA COLOR PRODUCTS CORP.
SEED CO., LTD.
SHARP CORPORATION
STAEDTLER NIPPON K.K.
THE SAILOR PEN CO., LTD.
TOMBOW PENCIL CO., LTD.
Japan Writing Instruments Manufacturers Association.
Hinodewashi. Co., Ltd.
MITSUBISHIPENCIL CO., LTD.

图书在版编目（ＣＩＰ）数据

哇！文具真的超有趣 / 日本 WILL 儿童智育研究所编著 ; 王宇佳, 马文赫译. -- 杭州 : 浙江教育出版社, 2022.7
ISBN 978-7-5722-3601-3

Ⅰ. ①哇… Ⅱ. ①日… ②王… ③马… Ⅲ. ①文具—普及读物 Ⅳ. ① TS951-49

中国版本图书馆 CIP 数据核字 (2022) 第 084799 号

编者按：
本书为日本引进版权书。为尊重版权方权益，书中所有照片及部分不影响读者理解的插图皆保留了原有日文。
特此声明。

BUNBOGU WO TSUKAIKONASU <1> KAKU DOGU
Edited By: Froebel-kan

First Published in Japan in 2018 by Froebel-kan Co., Ltd
Simplified Chinese language rights arranged with Froebel-kan Co.,Ltd., Tokyo, through Bardon-Chinese Media Agency

浙江省版权局著作权合同登记号 图字：11-2022-182 号

哇！文具真的超有趣

WA ! WENJU ZHEN DE CHAO YOUQU

日本 WILL 儿童智育研究所 编著
王宇佳 马文赫 译

选题策划　联合天际·文艺生活工作室
特约编辑　邵嘉瑜　罗　曼
责任编辑　赵清刚
装帧设计　蒋碧君　王颖会
美术编辑　韩　波
责任校对　马立改
责任印务　时小娟

出　　版　浙江教育出版社
杭州市天目山路 40 号 邮编：310013
电话：（0571）85170300-80928
发　　行　未读（天津）文化传媒有限公司
印　　刷　北京雅图新世纪印刷科技有限公司
字　　数　160 千字
开　　本　787 毫米 × 1092 毫米 1/16
印　　张　8
版　　次　2022 年 7 月第 1 版　2022 年 7 月第 1 次印刷
I S B N　978-7-5722-3601-3
定　　价　98.00 元